U0599010

饌
丁

除了愤怒，你还能做什么

[日]森濑繁智 著

方宓 译

中国友谊出版公司

图书在版编目（ＣＩＰ）数据

除了愤怒，你还能做什么 ／（日）森濑繁智著 ；方
宓译. —— 北京 ：中国友谊出版公司，2024．8． —— ISBN
978-7-5057-5947-3

Ⅰ．B842.6-49

中国国家版本馆CIP数据核字第2024HL8774号

著作权合同登记号 图字：01-2024-2526

KIMI WA、「OKORU」IGAI NO HOUHOU WO SHIRANAIDAKENANDA
by Shigetomo Morise(Moge)
Copyright © Shigetomo Morise(Moge) 2022
Simplified Chinese translation copyright © 2024 by Beijing Creative Art Times
Internationals Culture Communication Company
All rights reserved.
Original Japanese language edition published by Subarusya Corporation.
Simplified Chinese translation rights arranged with Subarusya Corporation.
through Lanka Creative Partners co., Ltd.（Japan）and Copyright Agency of
China，LTD (China).
本书中文简体版专有版权经由中华版权代理有限公司授予北京创美时代国际
文化传播有限公司。

书名	除了愤怒，你还能做什么
作者	[日] 森濑繁智
译者	方宓
出版	中国友谊出版公司
发行	中国友谊出版公司
经销	新华书店
印刷	北京中科印刷有限公司
规格	787毫米×1092毫米　32开
	6.25印张　100千字
版次	2024年8月第1版
印次	2024年8月第1次印刷
书号	ISBN 978-7-5057-5947-3
定价	49.80元
地址	北京市朝阳区西坝河南里17号楼
邮编	100028
电话	(010) 64678009

如发现图书质量问题，可联系调换。质量投诉电话：（010）59799930-601

易怒的人是幸运儿!

前言

大家好！我是阿森，是一名咨询顾问。在我众多的客户中，有一些是相当易怒的。

"我男朋友根本不守约！"

"我公司的后辈上班摸鱼，气死我了！"

"我老公把房间弄得乱七八糟！！"

"我每天都烦躁不安，无法集中精力工作。"

"啊——真是气得人七窍生烟！！"

诸如此类。

这些人会对工作、恋爱、育儿、金钱等各种事情感到愤怒。

其实越是容易感到愤怒的人越有力量，因此如果处理恰当，他们在恋爱、工作等人际关系方面会更加顺遂，也会受到人生转机的垂青。

实际上，有人会把被甩的愤怒转化为力量而变身为美人；争吵不休的夫妻会突然开始卿卿我我；有人遭遇惨痛变故，却会以此为契机在一个月（而非一年）内赚得七八位数，事业大获成功。一路走来，我见过太多这样的案例。

大约十年前，我自己也过得穷困潦倒，甚至还要向人下跪借钱。但因为某些意外因素，我开始过起了"不发怒生活"，从此我的人生便交上了好运，人际关系变得越来越好。时至今日，我的生活已是衣食无忧。

因此，感到自己容易发怒的人其实是幸运儿。因为可以说只要转变方法，就能得到许多抓住幸运的机会。

　　但令人遗憾的是，九成的人却没有这样做。他们会因为愤怒而失去理智，陷入思考停滞的状态。

✄ 其实除了愤怒之外，还有其他的解决方法！

　　当我和经常感到愤怒的客户交谈时，我会这样询问："你觉得自己为什么会愤怒？"

　　然后，我通常会得到这样的回答：

　　"其实我一点儿也不想生气，可对方就是会把我惹火啊！"

　　这时，我会这样反馈：

　　"哦，这样啊。可是呢，其实我们都是因为想生气才生气的。对脾气好的对象生气，对脾气不好的对象就使劲憋

住不生气哦。"

经常对周围人发泄怒气的人，总是被某种"成功经验"影响着，这个经验就是"只要我生气，对方就会服从我的命令行事"。

"只要我生气，就会一切顺利。"

一旦获得了这种错误经验，就会重复一件事。**简而言之，正因为不知道除了愤怒之外还有其他的解决方法，所以才会生气。**

其实，就算把怒气发泄在他人身上，自己的愤怒也不会随之消解，还会破坏人际关系，幸运也会因此离你而去，所以有钱人才不会吵架呢。（笑）

❉ 摒弃无谓的愤怒，一切都会顺心遂意！

那么，究竟要怎么做呢？诀窍就是"按下不发怒开

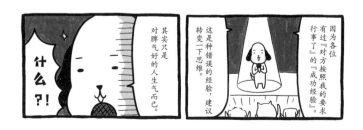

关"，这也正是本书要介绍的方法。

"**按下不发怒开关**"是一个比喻，旨在告诉我们尽情抛弃无谓的愤怒，去关注并尝试做一些令人开心的事情。

可以说**方法特简单，但效果巨显著**。无谓的愤怒一个个消失，使人变成"不发怒体质"，远离讨厌的对象，建立愉快的人际关系。在这个方法的帮助下，我的许多客户的人生都有所好转。读过本书之后，如果你发现其中介绍的方法适合自己，或者觉得好像可以用用看，请务必加以尝试。

◎ 可以练成"不发怒体质"

举例来说，你近来有没有感觉自己心烦气躁得不得了，或气得快要爆炸了？

这种时候，你正处于疲劳大量积蓄的状态。不妨去吃点美食、早点睡觉等，以此来重新审视当下的生活方式。只要能比平时更加愉悦地迎接清晨的到来，也许就

能够摆脱无益的烦躁感，让自己神清气爽（详情请参阅第2章）。

◎ 转变想法，避免瞬间发怒

话虽如此，但每天承受着生活的重压，实在难以保持平常心。这种时候，可以使用"紧急对策"！

我们在认为对方不对时，瞬间就会怒气上涌。这时试着把"不对"拿掉，在脑海中重复数次"不同"。**把"自己才是正确的"这种想法抹去。**如此一来，你会发现自己的心情变得出奇地平静（详情请参阅**第3章**）。

◎ 对讨厌的人淡而远之

或者，你是否曾经因为对方的言行而怒不可遏："我再也不想见到这家伙了！""烦死人了！""走开——！"这种时候，确实有对对方淡而远之、巧妙回避的方法（详情请参阅**第4章**）。

◎ 实现愿望！

"我想要一个伴侣！""我想变得更幸福！""我想变成有钱人！"要实现这些人人都有的梦想，也是有方法的。在实践过本书介绍的**"将黑暗的愤怒转化为能量"**的方法之后，有不少人抓住了幸福（详情请参阅**第 5、第 6 章**）。

只要能摆脱因愤怒而失去理智的状态，将其转换为正能量，我们每个人都会变得不可战胜。

请务必按下"不发怒开关"，开启快乐的人生之旅吧！

我也会全力支持你的！

森濑繁智（阿森）

目录

CONTENTS

1章

写给其实一点也不想发怒的你

每天烦躁不安，简直是浪费生命！

2章

疲劳导致怒气！

轻轻松松练出『不发怒体质』！

3.章

审视自己的思维习惯和口头禅

就能戒掉『动不动就生气』的习惯！

4.章

是不是在不知不觉中受了伤?

保护自己免受不体贴之人的伤害

5 章

6章

有好事发生的人是这样做的

把愤怒转变成感谢!

1 章

写给其实一点也不想发怒的你

每天烦躁不安，
简直是浪费生命！

那个新人犯的错也太多了吧!!

嗯嗯!

我也不是因为想要生气才生气的啊!

点头!

吸溜……

其实不是这样的——

紧紧握住!

你就是因为想要生气才生气的。

你只是不知道，除了生气，还能做些什么。

波……波奇！真的吗？快教教我!!

救救我!!

1

只要一生气，就会停止思考

愤怒的危害极大

来找我咨询的客户中，几乎无一例外都会提到他们对职场人际关系，对伴侣、家人和朋友产生的不耐烦、怒火中烧的愤怒情绪。

比如在公司，你的团队中来了一名新员工，尽管自己已经手把手地教了许多，对方还是频频出错，这时候你是什么感受？很多人遇到这种事，恐怕都会不耐烦，忍不住想要说些挖苦的话吧。

这可不是职场才有的场景，在家庭中也常常会发生类似情况。

假设家里有个平时就喜欢生气的爸爸或妈妈，如果孩子问"干吗要生这么大气啊？"，回答恐怕有 120% 的可能是"我可不是因为想要生气才生气的！"。（笑）

站在父母的角度上，他们可能想表达是为了教育孩子，别无他法才会生气的。

可事实果真是这样吗？

不用说，那些嘴上说着"我可不是因为想要生气才生气"的人，几乎 100% 都是因为想要生气才生气的。

非要说的话，他们是因为不知道除了生气之外还有什么解决方法，无奈之下才生气的。

可是通常情况下，愤怒不但解决不了什么问题，反而会使人陷入停止思考的境地，与解决问题这一目的背道而驰。

☼ CHECK ☼　　**身体陷在愤怒之中，大脑就会停止思考。**

啊……我跟男朋友吵架了……呜呜……

可是他迟到了！不能原谅他……太过分了！

我好难过啊！我们约会泡汤了，

摸摸

难得约会一次，我只是希望他更重视我们的约定啊！

波奇

愤怒上头的时候，先冷静5秒钟，仔细想想自己真正的心情吧？

2

真正想表达的情绪是什么？

不被一时的情绪带偏的秘诀

这个话题与刚才谈到的"不是因为想要生气才生气"也是相关的，但人在愤怒时，往往会认为"都是因为你不遵守约定！""你不守约，是你的错！"，完全归咎于对方。

我以前也是这样，容易生气，还会斥责把自己惹火的对象。

指责对方"是你犯错在先，我才会生气的！"，声称"我才没有错"。

可即使责备对方、痛骂对方，也绝对无法完全平复自己的情绪。

如果对方将指责照单全收，无条件地道歉，或许会使自己稍稍冷静下来，但这种情况非常少见。

而更常见的情况是，我们的态度容易把对方也激怒了，双方互掐起来，陷入难堪的境地。

我们人类原本就是情绪化的动物呀。

愤怒和欣喜、悲伤、快乐一样，是人类所拥有的情感之一。拥有愤怒的情绪是一件特别自然的事。

拥有丰富的情感，可以说是身为人类的证据。

任由自己随着一时的情绪起伏，而与真正重要的感情失之交臂，这是不对的。

其中最危险的情况是，被愤怒这种情绪操控而丧失了自己的情感。

当试图与他人建立联系却无法如愿时，会产生寂寞、悲伤、孤独等痛苦的情绪，而愤怒的情绪便是由此生发出来的。

"都是你的错！"

"太过分了！"

"闭嘴，别再说了！"

——当你像这样斥责对方时，你内心真正的感受是什么？

你真正想要表达的心情是什么呢？

把注意力一一转向这些心情，愤怒的情绪可能就会瞬间消失得无影无踪。

因此，我的建议是：

当你产生了愤怒的情绪时，请先给自己一点冷静的时间。

多长时间呢？短短 5 秒钟就足够了。

如果可能，就给自己 10 秒钟吧。10 秒钟成功的概率有可能达到 100%。

当愤怒冲上头时，或许应该给自己点时间冷静一下。按住愤怒不发，去觉察自己真正的心情，你眼中的世界也会变得有所不同哦。

¤ CHECK ¤　　**愤怒上头之后，先冷静 5 秒钟。**

各位，我想在此出一道问答题。

因为缺乏耐心才容易生气，是对还是错？

答案是『错』！

其实只是对脾气好的人生气而已。

什么？！

因为各位有过『对方按照我的要求行事了』的『成功经验』。

这是种错误的经验，建议转变一下思维。

☆ 3 ☆

『只要一生气，事情就顺利』的陷阱！

根据不同对象改变态度

这个世界上确实有缺乏耐性的人。

但动辄生气的人，其实并不是因为缺乏耐性才生气的。

他们在发火之前，会先仔细确认"我冲这个人生气也没什么关系"之后才发火。

其实，无论多么没耐性的人，如果面对的人是个像向井理①那样的帅哥，或像北川景子②那样可爱的女孩，恐怕也不会动不动就发火吧。（笑）

进一步说，如果知道对方是黑帮骨干的话绝不会发火，如果知道对方是重要客户的孩子的话也一定不会发火的吧。

妈妈在家被孩子惹火，就算正被气得咆哮："你为什么要干这种事让妈妈生气啊？！"只要一接到学校老师的电话便会立刻换个声调，冷静地接听应答。

---

① 日本男演员。

② 日本女演员。

人类可以比自己所想更加灵活地应对愤怒，也可以根据不同的对象来调节自己的愤怒情绪。

顺便提一下，每个人发怒的类型也各有不同，有的是突然发火，有的是持续忍耐之后突然爆发，也有的是平时很少生气，一旦生气就连自己也控制不了。

这样的人，只是延续着自己过往让事情进展顺利的模式而已。

在积累了"当自己突然生气后，对方便会听从自己的话"等某种成功经验之后，他们便自己构建出了一套发怒的偏好和模式。

"只要一生气，事情就顺利"是一种错误的方式，一定要尽早摆脱。

☒ CHECK ☒　　**摆脱不良的经验法则吧！**

积蓄太多烦躁情绪，对健康很不利哦！

只要我火气上来，当场就会给对方好看！

惊！

这个嘛，你也有你的道理啦。可你不累吗？

会被厌恶，还会被以牙还牙……

不必开战，一笑而过。

这也是个好方法哦。

无视

好呀！！

如何？

还有啊，要是心情烦躁了，不如去卡拉OK放松一下？

不必开战带来巨大益处

4

大笑或逗人笑，让心情豁然开朗

有许多人认为，怒气不发泄，体内就会积蓄压力。

长期忍耐或压抑不必要的怒气，确实会导致压力在体内累积。

但因为这个原因而每天重复爆发小怒气，真的就能消除压力吗？答案是"不能"。这样反而会带来其他的压力。

只有让对方道歉，或将对方打败的时候，才能够通过发怒来消除压力。

可如果对方回击你的愤怒的话，就会让你的愤怒加倍累积。

即使当时打败了对方，也会使对方在心中积蓄愤怒，从而滋生出仇恨，也许哪一天会加倍奉还给你。

《孙子兵法》说得好——百战百胜，非善之善者也。

只要开战，无论是自己还是对方都会受伤。因此最好的方法是不开战就决出胜败。

拿我自己来说，当我感觉快要生气时会念叨"今天就到此为止吧""你可捡回了条命啊"之类的话，总之是把生

气转变成笑，先把自己哄开心了。（笑）

因为我认为人生只要大笑，或把别人逗笑就赢了。谁生气谁就是输家。

如果说生气真的是消除压力的方法，那就别把怒气撒在对方身上，而是单纯地把它倾吐出来发泄掉。

比如可以一个人去卡拉OK包厢，大喊几声"浑蛋！""开什么玩笑！"。如果有拳击沙袋之类的东西用来踢几脚、抡几拳，发泄发泄怒气也不错。

这样一来，每次生气的时候不仅不会积蓄压力，还能把身体锻炼得越来越健康。（笑）

总之，不要把愤怒回敬给对方，不要迁怒于他人，也不要让怒气积蓄在自己体内。

可以利用前面提到的方法来消除，也可以通过运动或兴趣爱好来消除。

最好的方法是，把那股怒气的能量用在自身的成长上。

这样做的话，从结果上来说既打败了对方，又让自己离幸福和成功更近一步，可以说是一举两得。

♯ CHECK ♯　**感到心情烦躁时，先让自己开心起来吧！**

将愤怒情绪转换为能量

5

想怎么使人生好转都可以

　　接下来要说的和刚才的话题有联系，因为觉得"不可以生气"，所以给自己累积了很多压力。

　　愤怒本来就是可以感觉到的情绪，所以让人"不去感觉它"是强人所难。

　　这就好比吃了难吃的食物，人家还要求你"必须觉得好吃"一样，是无法做到的。

　　把愤怒比作菜刀的话，可能比较容易理解。

　　如果把菜刀朝向对方，它就成了伤人的工具。但如果用来处理美味的食材，它就会变成使人幸福的工具。

　　重要的是使用它的方法。

　　烦躁、愤怒这些情绪的能量确实惊人，如果使用不当可能会破坏人际关系。**而如果能够巧妙地利用的话，就能成为人生的引擎，助你扶摇直上。**

☐ CHECK ☐　　**将愤怒转换为正能量！**

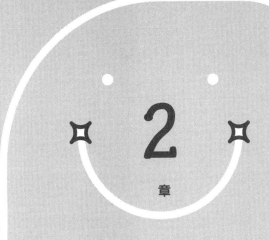

2

章

疲劳导致怒气!

轻轻松松
练出"不发怒体质"!

解决睡眠不足的问题

谁都能养成"不发怒体质"！

我在 20 多岁时特别容易生气，每天都过得很烦躁。

结果我的视野变得狭窄了，还净碰上不好的事情。总之就是很容易疲劳。人变得很消极，还爱跟别人吵架。因为压力太大还总乱花钱。

真的是一件好事也没有。

你可以生气，但不背负无谓的怒气，人才会比较轻松。

那么，我是如何从这种糟糕的生活状态中重新振作起来的呢？

那是因为我练成了"不发怒体质"，接下来我要把它介绍给大家。

只要练成了"不发怒体质"，就算感到愤怒也不会立刻怒发冲冠，或表现出不耐烦。简而言之，就是变得不容易生气。

内心变得出奇地平静，因愤怒而受损的觉察力和洞察力能够恢复活力，更容易感到幸福、获得成功。也不会因为压力大而做出暴饮暴食、胡乱花钱等让人头疼的事情了。

总而言之，"不发怒体质"既是幸福体质，也是成功体质。

好好睡觉，好处多多！

说起来，**怒气上涌的原因就是四大不足：睡眠不足、运动不足、营养不足、学习不足**（摘自拙作《有钱人的开关，按下吗？》，牧野出版社出版）。

在四大不足之中，最严重的是睡眠不足。长期的睡眠不足，会使身体疲惫不堪，大脑和心灵空转、停止思考。这种状态又会导致人容易烦躁，陷入恶性循环。

其实我的客户中也有许多属于这种情况，为他们做咨询相当轻松，因为只要他们改善了睡眠不足的情况，便会有立竿见影的效果。

几乎所有人都反馈，自从能够好好睡觉之后，从清晨起大脑就是清醒的状态，工作效率大幅提高。

反馈情况排名第二的是改善人际关系。因为心情不再烦躁，也能和善地对待周围人，人际关系因此变得出奇地好。在他们之中，也有不少人反馈被伴侣夸奖"你最近变漂亮了呢"。

因为睡眠不足是美容的大敌，睡眠得以改善的话，自然会变漂亮。

睡眠不足为何这么危险？

睡眠不足的可怕之处在于让人停止思考，它会让你把反常的事当作理所当然的事。

说说我自己的亲身体验吧。大学毕业后，我入职了一家公司，在那里受到了不合理的待遇。我也认为"那是没办法的事"或"工作就是这样"，因而没有反抗。

我当时刚入职就住进了公司宿舍，工作时间内自不必说，可下班后公司前辈也会吩咐我干这干那，于是我逐渐陷入了长期睡眠不足的状况。

自古以来就有让对方睡眠不足、停止思考之后进行洗脑或强行逼供的手段。

可见睡眠不足有多么危险。虽然近来打卡能量景点已蔚然成风，但**我认为世界上最好的能量景点就是我们的卧室**。请大家牢记这一点。

> ☐ CHECK ☐　**睡眠充足的人，大脑会更灵活、面容会更姣好！**

上午 7:00

猛然坐起！

脑内满分！

精精神神飞扬！

上午 8:00

咔哒

咔哒

下午 6:00

我先下班哕！

和女朋友约会才是最重要的汪！

我们要去吃饭吗？

好呀！

2

有没有排出做事的优先顺序？

切换成晨间工作模式

据那些工作成绩显著的人说，他们几乎所有人都会在早晨集中精力处理重要的工作。这是有原因的。因为大脑在清醒之后的 2~3 小时内会发挥最高效率，与在下午工作相比，在这个时间段内全力工作的效率会高出好几倍。**仅在早晨全力工作，就能完成实际上需要 8~10 小时才能完成的工作。**能够用来证明在早晨全力工作能获得更高效率的，还有这样一个例子：《对早晨有效的语言》（翡翠小太郎[①] 著，SUNMARK 出版社出版）一书中提到，根据东京商工调查公司的调查，公司负责人在早晨 7 点之前上班的公司，没有一家倒闭的。这真是太了不起了。

无论什么样的客户，我都会向他们说明睡眠和有效利用早晨这个时间段的重要性，但肯定会有人找各种借口说自己做不到。话又说回来，正是效率低下才导致我们在工作中晕头转向，而且越是超负荷工作，表现越是走下坡路。

---

① 　日本作家，广告文案撰稿人。

如果是因为公司的关系而要推迟下班时间，我会这样请示上司："我很重视我的健康和家人，所以就算再忙我也想准时下班。请问，为此我应该做什么？"以此来和公司一起商量改善的对策。**关键是厘清眼下什么才是你最看重的事情，以及为那些看重的事情排出优先顺序。**

　　首先要有最看重的事情。如果做这事需要钱的话，可以选择进公司上班来赚钱，也可以选择自行创业，或者一边工作一边从事副业。

　　我们比自己想象的更自由，我们身上蕴藏着各种可能性。

　　我们最大的绊脚石，是自己的观念和执念。

　　所以，我们应该时刻保证充足的睡眠，让头脑在清醒状态下想清楚"当下的我需要什么"，为自己的行动排出优先顺序后再去执行。

¤ CHECK ¤　　**只要切换成晨间工作模式，就会拥有自己的时间！**

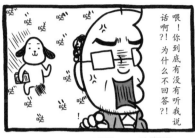

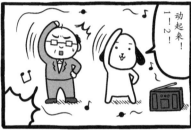

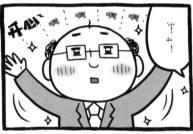

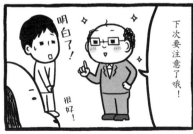

☆ **3** ☆

只要运动就会分泌『那种东西』

做广播体操有什么惊人效果？

接下来介绍导致愤怒的四大不足中的运动不足。

适度的运动不仅有利于健康，而且还能转换心情。

进一步说，运动还能促进大脑神经递质之一——血清素的分泌。

血清素又名"幸福荷尔蒙"，它有助于缓解压力、消除烦躁，使我们提高工作积极性，更容易感到幸福。

从这个意义上，它也可以说是"不发怒荷尔蒙"。

如果我发现有情绪低落的客户，或对方看起来性格忧郁，我一定会劝他们多运动。因为运动的效果立竿见影。

就算只在附近散会儿步，也可以达到运动的效果，还能够转换心情。我建议先在早晨做做广播体操。有时也会有人质疑"什么？广播体操吗？"是的，好好做广播体操的话也能出汗，是非常好的运动。

即使在日常生活中，也有不少运动的机会。比如上下班搭地铁时提前一站下车再步行，或不搭电梯而选择爬楼梯。

我曾经在酒店生活过一段时间，因此见识过东京都内高级酒店的健身房。无论哪一家的健身房，清早时段的人都是最多的。

大概从清晨 6 点 30 分至 7 点 30 分，人是最多的。我猜想他们会在运动之后冲个澡，一边悠闲地阅读报纸一边吃早餐，所以我选择在 7 点 30 分到 8 点左右的时间才去运动。

你可能会认为一大早就开始运动太累了，但实际情况正相反。**适度的运动会促进血液循环、激活交感神经，让身体达到最佳状态。**

"运动"这个词可以拆解成"运气动起来"。考虑到清早起床后，在开始工作前花点时间运动，就会让身体达到最佳状态，还能让自己交上好运，还有什么比这更好的事吗？

☐ CHECK ☐　**现在就开始散步或做体操吧！**

饮食讲究营养均衡，不盲目追求完美

接下来介绍导致愤怒的四大不足中的营养不足。

联想一下小孩子的反应就容易理解了，他们只要肚子一饿就会生气，会哭，会不高兴，对吧？这都是因为营养不足的状态让人不快。

要消除营养不足的状态，首先必须考虑食物的"质"和"量"。

所谓"质"，就是选择的食物越新鲜、天然越好。

尽量不要吃大量添加人工甜味剂、化学防腐剂的食物，最好摄入当季的或当地出产的食材。

营养均衡也很重要，要摄入充足的蔬菜。摄取蛋白质时容易偏动物性蛋白质，所以要积极主动地食用植物性蛋白质。

糖分和碳水化合物容易在不知不觉中过量摄入，所以要格外注意，但极端严格地限制也不好。

特别是甜食，可以直接为大脑提供能量，带给我们活力，所以不妨计算好摄入的量和时机，好好地利用起来吧。

随着年龄增长，人们都会对油炸食物敬而远之，但油也是人体必需的营养素，所以我建议大家摄入优质的橄榄油、芝麻油和亚麻籽油等。

光吃肉的确会出现健康问题，但我想一点儿肉都不吃也不合适吧。

而他们在我的建议下吃过烤肉或牛排之后，给我的反馈是"我有精神了""我有干劲了"，这也几乎是呈现在所有人身上的效果。

对长寿老人饮食状况的调查结果表明，他们所有人都经常吃肉。

肉类果然还是精力之源啊。

至于"量"，虽然古话说得好，吃饭只吃八分饱，但摄入多少量会感觉饱腹，这点受日常饮食习惯的影响，所以最好根据自己的体重，养成适量饮食的习惯。

虽然"一日三餐，摄入均衡的营养"是普罗大众的共识，但我认为还是要结合每个人的生活方式来进行调整。

顺便透露一下，我早上只会简单喝点咖啡或蔬菜汁，中午好好吃一顿商务餐，晚餐只吃跟下酒菜差不多的量就够了。

营养不足的话，一定会以某种形式表现在身体上，所以从某种意义上来说，这可能是容易被察觉的。我认为只有根据自己的体型、身体状况、生活习惯来调整均衡饮食才是最理想的。

每个人都会有自己的好恶，所以用自己喜欢的食物来调节饮食均衡就可以了。

如果不喜欢吃蔬菜，那就喝果汁或蔬菜汁；如果不喜欢吃牛肉，那就吃鸡肉或猪肉；等等。只需要改变烹调方法，食物的味道就会发生巨大的变化。选择自己爱吃的食物，研究好"质"和"量"，调整好均衡程度，愉悦地摄取营养吧。

☼ CHECK ☼　**不要偏食，避免过饱，适量摄取优质的食物。**

推荐6分钟阅读

5

还可以减轻压力！

最后要介绍导致愤怒的四大不足中的学习不足。

学习这件事，只要有一点碎片时间就可以轻松办到。

英国萨塞克斯大学的研究团队称，6 分钟阅读可以减少现代人 68% 的压力。 短短 6 分钟竟能起到这么大的作用，所以只要积极利用上下班途中的通勤时间，或这之间的空当时间，就能收获相当显著的效果。

学习自己不需要的东西，得到的只有痛苦，但学习自己需要的东西却是快乐的，同时也能产出成果。学生完成了学校的功课也不会有报酬，但成年后的学习，付出努力的程度直接与收入相关。再也没有什么比这个更能激发干劲了吧。

⊠ CHECK ⊠　**走上社会之后的学习，既愉快又能换成金钱。**

第 **3** 章

审视自己的思维习惯和口头禅

就能戒掉
"动不动就生气"的习惯！

在座的各位，最近有没有谁心情烦躁，动不动就生气啊？

有！

我想推荐给大家的是『不发怒开关』。

闪亮登场！

不发怒

按下这个开关，马上就能恢复平常心，让你找到顺利解决事情的方法。

接下来，由我波奇给大家介绍『啪叽』按下开关的方法。

波奇"啪叽"！

这冷笑话还蛮无聊的，不过好想知道方法……

1

心情确实是可以转换的！

用好"不发怒开关"

接下来介绍避免动不动就生气的方法。人如果一遇到事情就生气，多数时候都会随之停止思考。等头脑冷静下来后再去回想，又会后悔自己"说得太过分了""搞砸了"，然后出一身冷汗。

本章将以让我们不再心情烦躁的思维方式、接纳方式、口头禅，也就是**"不发怒开关"**（**参照第 05 页**）为主题进行介绍。想当年 20 多岁的我血气方刚，烦躁指数拉满，能够转换成冷静模式，变身为人们口中的"幸福有钱人"，凭借的正是这些。这是一种简单有效的方法，即使在你因为过于烦躁而想暴饮暴食等情况下也可以使用，请尽管放心。那么就让我马上进入正题吧。

☒ CHECK ☒　　**转换心情有诀窍。**

「你是这么想的啊」有什么效果

学会不去否定对方的说话方式

无论在工作中还是在个人生活中，因为自己与对方的想法或意见不同而引发争吵的事情很常见。

前几天也有一位客户，因为某件事和男朋友发生了争执，之后两人一直都不和对方说话。

在我的询问下，她说出了事情的经过。

"上次我和男朋友一起去了浅草的浅草寺。当时他说'神社要按照顺时针方向参拜'，可我说'不对，要按照逆时针方向参拜'。我们谁也不肯听谁的，就吵起来了。"

我听完后给出了自己的建议：

"确实，有的神社规定顺时针参拜，也有的神社规定逆时针参拜。拿不准的话可以去问问神社的宫司 ①。但是在那之前，有一点我想说，浅草寺本来就不是神社而是寺庙，所以你们没必要为了参拜方式而吵

_____

① 全权负责神社所有事务的神职人员。

¤ 046 ¤

起来吧？"

客户听到这句话，回了句"还真是……"便哈哈大笑起来。

她马上给男朋友打了电话，二人捧腹大笑，就此言归于好。

俗话说，一样米养百样人，每个人持有不同的意见和想法，这是相当正常的事情。也正因如此，这个世界才能接纳各种各样的事物，持续性地发展下去。

如果认定自己才是正确的，必定会引发愤怒和争吵。

话虽如此，"自己不正确"的想法也会导致自我否定和自信丧失，这也不可取。

那么，当自己与对方意见相左或想法不同时，应该怎么做才能避免生气，既认同对方又被对方认同呢？大家可以试试这样说话：

"原来如此，你是这么想的啊。"

说这句话，既不是肯定也不是否定对方。

这只是表示接纳对方说的话。

人们会不自觉地产生"我不想输给对方"或"我要比对方占优势"的想法，擅自在自己和对方之间筑起壁垒，甚至有人还会采取压制他人的行为来显示自己更有优势。

可是如果想在真正意义上与对方处于平等地位，尊敬对方、接纳对方才是好方法。

☒ CHECK ☒　　**不要宣称自己才是正确的。**

☆ 3 ☆

不是『不对』，而是『不同』

换一个词让情况大为不同

在一句话里只要换上一个词就可能把人惹怒，甚至发展为争吵。

这个词就是"不对"。

每个人身上都有各种不同，如果性别不同、出生地或成长环境不同，其想法和行为就会不同。

有不同其实并不是坏事。

所以单纯说"那个人不同"是不会引发纠纷的。

但如果把"不同"换成"不对"，情况会怎么样呢？

一旦变成了"那个人不对"，我们就会立即纠正对方，如果对方不改正，自己就会怒火中烧，继而发展成争吵。

当自己认为对的事情被人说成不对时，会生气也很正常。

但如果把它理解成不同，就会明白对方的观点也不无道理，这样怒气就会平息。

进一步说，如果能体谅彼此的不同，就能互相理解并从中产生爱意。

人与人之间如果能够互相认同彼此的不同、互相尊重的话，这个世界上就不会有纷争了。

　　走向世界和平的第一步，不是"纠正不对"，而是"互相承认彼此的不同"。

　　那我们就从这里起步吧！

☼ CHECK ☼　　**只要理解为不同就好了。**

最近我和我丈夫总是在吵架……

唉……

嗯嗯……

话说回来，你先生开心的时刻、喜欢的食物和场所，你都了解吗？

吸溜……

呃……

最近可能没太注意这些。

那就试着回归初心，和他好好谈谈吧！

太好了！

没事没事

什么行为能让夫妻变得恩爱？

4

优先考虑对方的喜好！

简单来说，我的工作就是"增加幸福的有钱人"。

我并不是单纯使客户成功、变成有钱人，我认为如果他们不能获得幸福就没有意义。也许正是这个原因，来找我咨询的客户中几乎都反映"和重要人物之间的关系发生了戏剧性的好转"。

正因如此，我曾把无数对夫妻从离婚危机中解救出来。

其中有对夫妻每个月至少吵一次架，每次吵架的互骂声响彻公寓楼，导致其他业主纷纷投诉。（笑）

那么，**他们又为什么会戏剧性地变成了恩爱夫妻呢？那是因为他们发现了自己的真心。我不过是个从旁协助的角色而已。**

我建议那位太太："**请确认一下你先生开心的时刻、喜欢的食物和场所，只要在他做着自己喜欢的事情时跟他谈，你们就不会吵架哦。**"仅仅是这样一个建议就使那位太太恍然大悟，让她意识到之前总是在先生不开心的时候跟他谈事情。听说从那以后，他们夫妻的关系便发生了翻天覆地的变化。

人们常说感情好才会吵架，如果夫妻关系凉透了也就不会吵架了。

重视对方珍惜的东西，坦率地告诉对方自己想构建什么样的关系，你们的关系就有可能得到惊人的改善。

一旦夫妻关系得以改善，工作业绩、营业额之类的也会像与之呼应般噌噌地往上涨。

我认为这种倾向在女性身上表现得尤为明显。没有比意识到"为了自己所爱之人而去做……"这种力量的女性更强大的人了。

¤ CHECK ¤　　**重要的事情，要在对方放松的时候说。**

明明是他说想分手，我才给了各种建议的。

结果又和好了，他根本就没有听我说什么嘛！

烦躁

我们和好了～

把我浪费的时间还给我！

看来你是认为『自己才是正确的』吧。

什么!?

要不要听你的建议，得看对方。

确实。

如果不觉得『自己才是正确的』，就不会烦躁了。

5

别说『你要这样做』

可以采用"如果是我的话会这样做"的说法

有时客户会问我这样的问题：

"在我们的咨询过程中，阿森老师你都不会命令我们'做下这个'，或强制要求我们'必须这样做'，这是为什么呢？"

确实，很多顶着顾问或老师头衔的人动不动就叫人做这做那。

我之所以不会命令客户做什么，或强制要求他们按照我的方法去做，是因为"我不认为自己就是正确的"。

我会根据自己的经验说："照这个样子做的话会比较顺利哦。"如果有人需要我的建议，我只会说："如果是阿森我的话，我会这么做。"

至于能不能接纳我的建议，那是他们的事情，况且每个人扮演的角色和生活方式都各不相同。

话说回来，如果你要求对方做这个、做那个，而人家完全无视你的话，你就会生气。

我很清楚这个道理，所以从一开始就不会命令别人。

只是有很多人从他们的立场出发，不得不给别人分派任务或下达指示。

在职场上是这样，在学校以及和左邻右舍的交往中也是这样。即使在家里也有请求对方做事，或指示对方做事的情况。

这种时候，即使对方不听从自己说的话，无论如何也不要觉得"自己才是正确的"或"自己才没错"。

不仅是愤怒，像争执或纠纷之类的事情，起因大都也是对"自己才是正确的""自己才没错"的执念。如果你亮出了"正义"，对方必定会变成"恶人"，这一点还请务必注意。

¤ CHECK ¤　**只要不把意见强加给对方，就不容易愤怒了。**

又被课长骂了……气死！

有个技巧可以转换心情，叫作『取外号』。

那是什么啊？

就是给你不擅长应付的人『取个好玩的外号』，把他当个笑料就完了。

这个可以！有意思！

又被塞巴斯蒂安骂了……气死！

哈哈哈！

哈哈哈！！

6

把激怒你的对象转变成笑料

什么是塞巴斯蒂安效果?

我们很难改变那些性格急躁、容易生气的人，或总是心情不好的人。

与这样的人相处，正确做法是尽量不要靠近或与其保持距离，但如果因为工作关系无论如何都无法避而远之，又该怎么办呢?

这种时候，我推荐的首选方法就是"把他转变成笑料"。

举个例子，假如你有一个常常让你很恼火的上司，试着给他取个"塞巴斯蒂安"[①]的外号。当然得瞒着他本人。（笑）

下次如果你被这个让你恼火的上司"塞巴斯蒂安"骂，你可以这样向身边的朋友抱怨：

"那个塞巴斯蒂安，今天又说了一堆不知所云的话！我好想告诉他，在你自以为是地对别人说教之前，先好好练

---

① 日本动漫作品中，常出现名为"塞巴斯蒂安"的白发老者管家形象，后来"塞巴斯蒂安"便成为管家的代名词。

练怎么说话再来当上司吧！"

比起发牢骚的内容，"塞巴斯蒂安"这个外号给人的印象要鲜明得多，让听到的人都会当场"扑哧"笑出声。

这样一来，既不会破坏当下的气氛，也不会伤害任何人，还能让心情变得畅快。

在人际关系中，用愤怒来回击愤怒是最不可取的沟通方式。

即使对方有错，你向对方发泄怒气时，无论如何都会伤害到接收怒气的人。

与其这样，**不如把怒气转变成能让你喷饭的笑料，那你也就不会输给那份怒气了。**

一张怒脸和一张笑脸对比，绝对是笑脸更有魅力。

¤ CHECK ¤　　**给让你生气的人，取一个让你发笑的外号。**

有句俗语叫：有钱人不吵架。

什么意思呀？

真正内心充实的人不会心烦气躁，而且会想做好事。

有个词叫作因果报应对吧？

对别人做过的事都会返还到自己身上。

好深奥啊！

对狗也是呢！

哦……

7

内心充实的人会这样考虑问题

对自己说"有钱人不吵架"

商家处理顾客投诉的时候，最能体现出当事商家的真实价值。

越是优质的商家，越能把自己的真实价值展示得明明白白的。

反之亦是如此。发生顾客投诉的时候，正是商家向顾客输出自己服务精神的机会，同时也能试出顾客的本意和真实价值。

解释一下，比如有顾客借投诉之机，向商家索赔超出商品价值的服务。对这种"刺儿头体质"的顾客，最好别太当回事。

没必要激怒这类顾客，反过来说他们也成不了大主顾。

说起来，越是高端的商家越明白"动不动就生气的顾客也不是什么有价值的客户"，所以也没必要去搭理他们。

正如俗话所说的那样"有钱人不吵架"，真正内心充实

的人既不会贬低对方，也不会过分地斥责对方。

最重要的是，这个世界存在某种意义上的因果报应。

从结果来看，自己对别人做过的事，都会返还到自己身上。

如果自己想要变得幸福，先要让别人幸福。

如果自己想要变得富裕，先要付出。

幸福也好财富也好，返还到自己身上的不会超出自己的器量。即使得到了超出自身器量的幸福与财富，到头来也驾驭不了。

☼ CHECK ☼　　有钱人深知因果报应的道理而采取行动。

不说别人坏话的好处

8

啊……受够了！我为什么要跟那种人交往啊……

唉！

. . . . .

喂喂，快看！

像不像要去泡澡堂？

扑哧！（笑）

去想那种人，连一秒钟都是浪费哦。

对吧？笑一个！

谢谢你波奇！说得对，还是想些开心的事比较幸福啊。

你的样子好可爱哦♡！

对吧对吧！

在讨厌的人身上花时间简直是浪费！

"阿森老师从来不说别人的坏话呢。"

——身边的人这么评价我。

虽说我自己没怎么察觉到，但也许这话确实不假。

说别人坏话这种行为，就是在想着你讨厌的人。

冷静地想一下，你不觉得这是件毫无效率、相当浪费时间的事吗？

你想啊，即使你再怎么讨厌工作，只要付出劳动就能赚到钱，但你老是想着自己讨厌的人也没钱领不是吗？（笑）

其中有人"只要一想到那家伙就心有不甘，难受得睡不着"，自己奉献出了宝贵的时间，对方却能睡得酣然而舒畅。

还有，在"心情太烦躁，连饭都吃不下"的时候，对方或许正享用着美味大餐呢。

那样就正中对方的下怀了吧。

在人生中遇见讨厌的人，就像碰到路边的狗屎一样。

散步途中在路边发现有狗屎，回家之后时不时地回想起"那样的臭味"或"那样的形状",然后为此而生气,那是完全没意义的,对吧?

赶紧把一想起来就犯恶心的事物忘记,转而为开在路边的鲜花感动,去感受季节的变换,还是这些让人觉得幸福。

如果能做到这样,就能给你珍惜的人带来幸福,自己也会变得幸福哦。

☐ CHECK ☐　　**转换一下思维,把时间花在重要的事情上。**

4 章

是不是在不知不觉中受了伤？

保护自己免受
不体贴之人的伤害

可以生气，但不要直接发生冲突。问题是应该怎么做才好呢？

推推眼镜~

压抑自己的烦躁，反而会造成压力。

我来！

所以事先想好在心情烦躁时怎么应对是很重要的。

说得对！

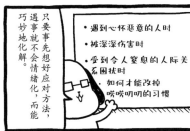

只要事先想好应对方法，遇事就不会情绪化，而能巧妙地化解。

- 遇到心怀恶意的人时
- 被深深伤害时
- 受到令人窒息的人际关系困扰时
- 如何才能改掉唠唠叨叨的习惯

☆ 1 ☆

过度生气只会加剧伤痛

用情绪互相攻击只会受伤

据说生气就是在压抑悲伤、寂寞、痛苦等心情。

比如被朋友或伴侣放了鸽子而感到心烦气躁，可能是因为觉得直视自己"我想要被重视"这种软弱而又可爱的情绪太痛苦，所以选择了生气。

在你容易生气时，是不是很难过？是不是感到寂寞？是不是正在勉力压抑痛苦的心情？如果你没有注意到这些情绪，而是直接把烦躁发泄在对方身上，你们的关系就会越来越疏远。

现在社交网络这么发达，不管有无利害关系，我们和见不到面的人坦率交流的机会也越来越多。

气极了就骂回去，或一味忍耐着让对方继续说，这样做不仅让你利益受损，还会不断地伤害你的内心。

从这个意义上来讲，我们在日常生活中就得有意识地保护自己。

"怎样躲开心怀恶意的对手的攻击？""如果被深深伤害该怎么办？""怎么才能从令人窒息的人际关系中挣脱出来？"本章将介绍在困境中保护自己的秘诀。

口 CHECK 口　　**学习应对方法，保护好自己。**

波奇，你最近是不是长胖了啊？

哈哈哈！

好像长胖了。

刷

刷

刷

啦

飘走～

那回见了！

真的吗？可能是因为我女朋友给我做了太多好吃的了。（笑）

不要正面应战

前面说过我们可以有"不发怒"这个选择。

但如果只是不发怒，那未消化的愤怒就会残留在体内，让我们永远感到郁闷。

所以除了不发怒之外，还应该做些什么，把未消化的愤怒和郁闷驱赶出我们的身体，这一点很重要。

生活当中有好多喜欢不停发牢骚的人、拖别人后腿的人、爱传播别人倒霉事的人，对吧? 这类人有一种倾向，他们会寻找比自己顺利的人、看起来比自己幸福的人进行攻击。

这些人为自己的境遇感到愤怒，然后把愤怒的矛头转向成功的人或看起来幸福的人，通过这些行为来扫除自己内心的愁闷。

诸如在职场上巧妙地找碴儿的人，把你视作竞争对手的熟人，因为孩子而结识的妈妈们，亲戚们，或者不曾见过面的网友，等等。虽然明面上不能生气，但如果这些人制造出让人冒火的局面，持续积蓄的烦躁情绪眼看就要爆发，又该怎么办呢?

这种时候请变身为斗牛士！

就是手中挥舞红布，随心所欲地控制猛牛的斗牛士。

也就是轻巧地避开猛牛——找你碴儿的人。

众议院前议员杉村太藏以谈吐轻快为人所熟知，他就是一位著名的"斗牛士"。

据说他曾被人指责："为什么政治家都像你一样蠢啊？"而他是这样还击的：

"那是因为像你这么优秀的人不参加竞选啊。"

对方听到这样的话也不会觉得不开心吧。

只要能避开对方的怒火，自己就不会受到伤害，同时还能让对方看到"我们格调不同"，是一举两得的事。

请把无理取闹投诉或抱怨的顾客，以及在社交网络上无缘无故诽谤别人的人，通通当作"牛"。

对方会被愤怒操纵着冲向你。

如果正面应战会很痛，还会受伤。

所以你要轻巧地闪开，边躲闪边冷静地思考下一步怎么处理。

这样一来，你就不会受到伤害了。

☺ CHECK **不要正面迎接对方的语言攻击，而要轻巧地避开。**

你还不想结婚吗？

嗯。

你给我振作点啊！怎么能继续这么虚度光阴呢？

因为她有一个幸福的家庭，才不愿意过早离开。是不是呀？

可不是嘛！波奇。

如果你不表态，就会被人乘虚而入

当你轻巧地躲过对方的语言攻击之后，如果对方继续挑衅你，你该怎么办呢？

这时，想象你像斗牛士那样，边躲避对方的冲击边举剑刺去，再加上三言两语让对方不敢重复攻击你。

比如每次你回老家，妈妈都要在你耳边念叨"你还不结婚吗"这种她无法释怀的事。

还有啊，那种专找比自己过得好的人来攻击的人，都是找他们认为看起来比自己弱的人下手的。

所以摆出"我才不会输给你"的态度也很重要。

其实在我的客户中，也有很多成功人士因为被身边的人语言攻击或背地造谣而烦恼。

有位女客户莫名其妙地遭受诽谤，说她能成功是背后有男人帮衬。她为此特别生气，我告诉她，如果下次说这种话的人出现在你面前，你可以这么说：

"什么？难道你背后一个帮手都没有吗？！你会不会寂寞啊？"

也许这位女客户听了我的话之后豁然开朗吧，她的月收入从几十万日元一下子涨到了二百万日元。话说回来，如果一个支持者都没有，无论是客户还是营业额都不可能增加。而如果支持者多了，肯定会出现一些批评和嫉妒你的人。这时就要用硬气的话争取更多的支持者，把批评你的人一脚踢飞！

☼ CHECK ☼　**用态度表明"我才不会输"的意志。**

不憎恨父母糟糕行径的秘诀

4

☼ **087** ☼

摆脱憎恨的"某个视角"

有人在成年之后仍然无法消除对父母的愤怒，这部分人比我们想象的更多。

当然，也有些人是在优秀的父母满满的关爱中长大的，过得特别幸福。

看到这样的人，不禁会联想起"为什么我的父母会那样……"吧。

可是，基本上我们的父母都不成熟。

以孩子的眼光来看，大概都会觉得父母是完美的吧。但他们也是对初次经历的事感到不知所措的、不成熟的人。

假设很不幸，你有一对极其不成熟的、被称作"毒父母"的爸妈，就只能努力奋斗，尽早从这层关系中"毕业"了。

有这样一个故事。某地有一对兄弟，他们的父亲每天酗酒，不务正业，还对他们家暴。虽然两兄弟独立之后各自组建了自己的家庭，但哥哥仍然无法消除对父亲的愤怒，渐渐自己也开始酗酒，最后因为暴力事件而被捕入狱。

入狱时，哥哥说了这样一句话：

"都是父亲的错，害我变成今天这样。"

而相反的，弟弟对妻子和孩子们都特别温柔，工作充实，过着幸福的日子。

在这样的生活中，弟弟因为某件小事回忆起过去，他喃喃自语道：**"多亏有了那样的父亲，我才有今天。"**

虽然都在同一个父亲身边长大，但怎么把这段经历用于人生的成长，决定了他们截然不同的结局。

¤ CHECK ¤ **把父母当作反面教材。**

5

如果听到伤害你的一句话

你可以自己预防情感创伤

有一些词用来说别人就很伤人。

比如"胖子""秃子""丑八怪""矮子",等等。

可是听到别人用同一个词说自己,有人会受伤,有人却不会受伤。

为什么会这样呢?我们听到别人说出的话,只要满足两个要素就会感到愤怒或受伤。

一个是认同"我就是这样"的时候。用前面的那些词来解释的话,就是认同"我是秃子"或"我长得不好看"的时候。

可如果只是这样,我们还不会受伤。

要感到愤怒或受伤,还要加上另一个要素。

那就是认为"那是件坏事"。

同样用前面那些词来解释,就是认为"我是个胖子,胖子很难看",或"我是个矮子,矮子很让人讨厌"的时候。

反过来说,如果认同但不认为这是件坏事,就不会感到愤怒或受伤。

"我可能是胖子，但现在流行微胖风，所以我可是很受欢迎的哦。"

"虽然我是秃头，但我女朋友说我跟布鲁斯·威利斯①一样有型，而且我自己也很满意。"

这样想的人即使被叫作"胖子"或"秃头"也不会生气，不会受伤。

多了解自己一点，学习一些让自己活跃起来的技巧，也能减少愤怒。

¤ CHECK ¤　　**换个视角看问题，消极也能变积极。**

_____

① 美国著名演员。

推推眼镜

愤怒中有一种叫作『不能忍耐的愤怒』。

期待……

那就是……

身体的愤怒！

做笔记…… 做笔记……

当身体受到伤害时，忍耐是很危险的。应该马上与施暴者保持距离或找专家咨询。

6

不要向暴力屈服！

不能忍气吞声

让我们根据愤怒的种类来看看按下"不发怒开关"的方法。

首先试着研究一下"身体的愤怒"。

"身体的愤怒"指被人殴打等身体上受到伤害时产生的愤怒。当然，这时叫你不要生气是强人所难，**若是身体上受到了伤害却还不生气或一味忍耐，那才是危险的。**

如果我们没有过错却受到了伤害，最好报警，通过法律途径来解决。

我个人认为"以牙还牙、以眼还眼"的做法并非良策，还是不要采用的好。正当防卫则另当别论。

比较麻烦的情况是，对方是你身边的人或跟你是上下级关系。

以前在学校和职场中流行过一种风气，即对假称"教育的一环"而打人的行为不加追究，然而现在无论在何种情况下都不允许暴力行为已是常识。

如果发生了被殴打的情况，坚决不能忍气吞声，而应该和身边的人商量，采取包括法律手段在内的应对方法。

在家人或夫妻之间也是如此。

抱着"我自己忍耐一下就好了"的想法，无论对自己还是对对方，都没有好处。

相反，应该立即采取对策，比如在与专家沟通寻求解决方案的同时，尽量与对方保持距离。总之，"身体的愤怒"是正当的愤怒，是保护自己所必需的。

正因如此，既不要感情用事地还击，也不要忍耐，而要尽早采取更彻底的"保持距离""辞职""分手"等措施，重新审视相互之间的关系。

¤ CHECK ¤　　**不要忍耐，而要改变环境或找第三方商量。**

接下来我们聊聊『消失的愤怒』。

推推眼镜

关于愤怒

请各位想象一下，你们每天都在吃的最重要最重要的零食……

浮想联翩～

如果有一天突然间消失了，再也吃不到了……

销失!

这时悲伤和愤怒是为了觉察它的重要性而存在的。所以每天都要心存感激。

呜啊 呜啊 呜啊 呜啊 呜啊 呜啊 呜啊 呜啊 呜啊

7

失去的伤痛带来了什么

从贤者的金句中获得启示

接下来要介绍**"消失的愤怒"**。

这是一种在失去了自己珍惜的东西、与重要的人分别，以及对方去世时所涌现的愤怒。**失去之物的价值和存在对自己来说越重要，所造成的悲伤和愤怒也就越强烈。**

先来讲一个故事。一位刚失去孩子的母亲来到一位著名的贤者面前乞求道：

"求您教我制作能让我亲爱的儿子复活的药吧。只要能做出这种药，让我做什么都可以。"

贤者听完便回答这位母亲：

"知道了，那你就去找颗罂粟籽来吧。不过有一个条件，这颗罂粟籽必须长在从来没有死过人的家的庭院里才行。"

这位母亲听了之后，就挨家挨户去打听谁家的院子里种着罂粟，谁家从来没有人过世。

但她拜访过的人家，那些庭院里种着罂粟的，不是上个月妻子刚过世就是去年死了儿子，从每一个家庭都能听到有人过世的消息。

就这样拜访了十几户人家之后，这位母亲终于认识到：

"我所背负的愤怒和悲伤，并不是只有我一个人才会背负的，所有的人都背负着同样的愤怒和悲伤在生活啊。"

后来，这位母亲埋葬了自己的孩子，在向贤者转告此事时，表示自己想帮助有着同样愤怒、悲伤、痛苦的父母。如果可以的话，我希望大家平时就能好好珍惜拥有的一切，不给自己留遗憾，千万不要在失去之后才懂得其重要性。

¤ CHECK ¤　　**与重要的人不留遗憾地生活。**

真不敢相信！今天的约会他居然临时取消了?!

我都已经准备好了。

气死我了……不敢相信……怎么办啊……

嘭！

你有多生气，就证明你有多在意他。

不要用愤怒，而要用爱去表达这份心情。

真的吗? 好可惜啊。我好想见你哦……♡

哎哟，要不要这么可爱啊。

8

你会生气，是你喜欢对方的证据

☼ 103 ☼

"希望被认同"的心情导致了愤怒

接下来讲讲关于**"不受尊重的愤怒"**。

人人都有"尊重需求"，简单来说就是"希望被认同""希望被珍惜""不想被随便对待"。

所以**人在得不到别人的认同、得不到重视、被人随便对待的时候就会产生愤怒。**

举例来说，约会之前收到对方通知说"临时来了项工作"，所以要取消约会，就感觉"我居然还没有工作重要"而生气。

话说回来，之所以强烈地希望对方"认同自己""珍惜自己""不要随便对待自己"，都是因为自己特别重视和喜欢对方，也想要得到对方的重视和喜欢，所以才会生气。

正因为这样，请不要采取把愤怒直接发泄在对方身上的沟通方式，这会让重要的人也感受到愤怒。

我希望大家重新确认"都是因为我爱着那个人，才会生这么大的气"，然后坦率地把这份心情告诉对方。

这样可以让彼此的关系变得更好。

人与人的沟通最重要的是"确认"。

我们没有特异功能，不可能知道别人心里在想什么。

如果认为"嘴上想怎么说都可以"，那沟通也就无从谈起了。如果没有在交谈中交换彼此的心情和想法，试图去互相了解，就不能期待有更好的人际关系，彼此感情的增进也会停止。

有缘才会相遇。如果彼此珍惜的话，就希望构建起能够开口好好确认，并用行动表示出来的关系呢。

☼ CHECK ☼　　**正因为看重对方，才要努力互相理解。**

想要尊重需求能被满足的人们

有人为了填满自己无法被满足的尊重需求，而仗着顾客的身份投诉店家，或表现得专横无理。

此外，店员中也有些人工作懒散、态度蛮横。

这些不讲理的人如果对我们发脾气，我们该怎么处理呢？

首先生气是解决不了问题的，所以请试着冷静下来分析对方。

他们大多数是因为在其他地方没有被满足尊重需求而生出愤怒情绪，或者是心智不成熟。

所以如果你能怜悯对方"真是个可怜人啊"，你也就不会生气了。

☒ CHECK ☒　　**做出不讲理的事情的人是可怜人。**

喂！吃饭前赶紧把作业给做了！

不要磨磨蹭蹭的！

……

等等，太太你这样可不行哦，不要这样凶孩子！

我知道你是为他好，但不要把这种『正确』强加给孩子。

不行！

不行！

如果你对别人发泄控制欲愤怒，会让人感到受伤的哦。

点头！

点头！

10

注意控制欲愤怒

是不是在不知不觉间施压了呢？

父母考虑到孩子的教育和未来，就会从旁建议或告诉他们"你要这样做""还是用别的做法比较好"。

这个时候如果孩子不听劝或采取反抗的态度，父母的内心可能就会产生愤怒。

这就叫作控制欲愤怒。

公司上司对不听从自己命令的下属发脾气，学校老师对不服从自己指令的学生生气，这些也是控制欲愤怒。

控制欲愤怒也是人类与生俱来的情绪，所以不能去否定它。

至于要怎么应对，只要自己觉察到就好了。

控制欲愤怒与不受尊重的愤怒有着同一个前提，那就是爱。

因为希望对方变得更好，所以才更生气。

但生气也未必能让对方感受到那份爱，所以还是用不同的方法让对方理解那份爱吧。

其中会产生控制欲愤怒的原因，是有些人坚信地位低的人应该听从地位高的人的命令。

这一点在下一章会详细介绍，**正确性会因为人、立场和习惯而改变，因此必须站在对方的立场来考虑。**

此外，在地位低的人不听指令时，有些人会因"那家伙是不是把我看扁了啊""我可不想让人觉得我没什么领导力"而生气。

遇到这种情况也不要去改变对方，而是要觉察到应该改变自己。只要你想着"这个人为了教我不能变成这样，都不惜把自己当作反面教材了"，就会反过来对他心怀感激了。（笑）

¤ CHECK ¤　　**不要试图去控制弱势的人。**

受打击……

又有留言说讨厌我了……

真是的！

叮

沙沙……

人家拼命上传这些东西，这些家伙想怎么样啊——

有趣！

好棒！

啪嗒

什么嘛！也有好多留言说『好有趣！』。

是这样没错……

小囧3（哭）

谢谢你，波奇！

你是天才汪！

坏话就像厕所里的涂鸦，不要在意！

11
什么是真正的不被讨厌的勇气？

坏话就像厕所里的涂鸦！

如今 SNS（社交网络服务）不仅仅是个人发布信息的平台，在商务活动中也是必不可少的。

我自己也在使用，而且还会建议我的客户灵活使用。

这种时候，可以说一定会在社交网络上出现纠纷。

特别是无缘无故的诽谤、中伤，会让人感到很生气。

很多人因为讨厌被人批评而犹豫要不要使用社交网络，但这和因为害怕中毒而不吃河豚的道理是一样的。

河豚只要妥善地处理过再吃就不会中毒了。同样地，只要做好万全的应对措施，就能在一定程度上避免批评带来的伤害。

但请务必牢记，这世上有一部分人，他们没有生产能力，只是为了自我满足而不停地诽谤、中伤他人。

虽然非常遗憾，但这就跟厕所里的涂鸦不会消失是一样的。

比这更不能忘记的是，与批评你的人相比，支持你的人更多。

只要去关注带来温暖的人，做些让他们开心的事情，你就不会在意那些无缘无故的批评，它们也就会在不知不觉中消失了。

社交网络上如此，在人际关系上也一样，你不可能让所有人都喜欢你。

"与其努力不被人讨厌，不如去珍惜喜欢你的人。"

我认为这才是重要的。

¤ CHECK ¤　**去关注重要的人，而不是讨厌的人。**

人际交往真是太辛苦了。

一定会有让你讨厌的人际关系。

哒！

让人讨厌的人际关系，逃开也无所谓。

哒！

哒！

哒！

和让人讨厌的人际关系逐渐拉开距离。

当你逃不掉的时候就从中学习些什么……

逃出来之后一定会有好事发生。

这就是人际关系啊。

终点

12

切断让你焦躁不安的人际关系

有些人际关系，还是逃离的好！

不仅是社交网络，人与人的交往在产生喜悦和快乐的同时，也会发生愤怒或悲伤的事情。

觉得"这就是人际关系"的想法太认命了，所以我想教大家一些方法来减轻人际关系造成的压力。

那就是摆脱让你感到愤怒的人际关系。

我认为，人不应该分成好人和坏人，只是一个人身上有好的部分和坏的部分。

所以，**如果是诱导你身上坏的部分的人际关系，还是尽早从中摆脱或逃离。摆脱之后，就只剩下诱导你身上好的部分的人际关系了。**

这样的话，人际关系就会变得非常轻松。

因为身边就没有会惹你生气的人了。

可是说到这里，一定有人会问："就算你这么说，可如果是公司和家庭这种逃不开的人际关系又该怎么办？"

如果摆脱不了或逃不开，说明在这个阶段的学习还没结束。

如果你从这种人际关系中学到些什么而成长起来，讨厌的人就会在不知不觉中消失不见，或者你就不会在意了。

而且当你成长起来之后，一定会有好事发生，可说是一举两得。

总之，要积极地逃离有问题的人际关系，如果逃不掉就保持距离。如果这样还是不行的话，那就把它转换成学习机会，让自己成长，从而进入到下一个阶段。这就是人际关系的真谛。

☒ CHECK ☒　　**与诱导出自己好的部分的人交往吧。**

13

认同自己吧！

不要过度批评自己！

我想大家应该都有过"我一听那人说话就生气"或"那家伙说话的方式每次都让我好生气"的时候吧。

世界上确实有经常让人很生气、很不耐烦的人。

但错都在让人生气的人身上吗？

建立良好的人际关系，最重要的事情不是接纳对方，其实还有更重要的事情，那就是接纳自己。

你能接纳别人多少和你能接纳自己多少是成正比的。

也就是说，越是能够接纳自我的人也越能接纳别人。比如，允许自己迟到的人也能宽容别人迟到。（笑）

相反，不能很好地接纳自我的人，总是认为"这样的我不行啊！"，也会像否定自己一样去否定他人。

愤怒的原因多种多样，但大多数时候原因都在我们自己。

也许是不想认同自己的幼稚，也许是曾经遭受过心灵创伤。

原谅陷在曾经的过失和失败中的自己，把自己解放出来吧。

这可以让你认同自己，也会让你和对方建立良好的关系。

🙂 CHECK 🙂　　**能够接纳自己，人际关系会变得很轻松。**

5

章

不要被无谓的愤怒折腾

摆脱困境的
6 个习惯

把愤怒变成契机

未来的选择权在自己手中

听到惹自己生气的话，是马上动怒还是把它想成"或许这就是上天的旨意"而变成改变的机会，选择权在你自己手中。如果有人说你最近是不是变胖了，你可以挑战瘦身。如果有人说你是不是没钱啊，你就把它当作重新审视工作和收入的契机。如果有人说你"都过了 30 岁还不结婚，你不会寂寞吗"，你可以考虑去认真寻找优秀的另一半。**这样，选择权就永远在你手中。**

如果把愤怒的能量当作弹簧的话，就能完成至今都做不到的事情。话说回来，我认为上天让人类产生愤怒这种情绪，是为了让人类无论在多么困难的环境里都绝不放弃，把现状转变成前进的动力。

☐ CHECK ☐ **如果发生了让你生气的事情，就把它变成改变的机会。**

烦死了！什么嘛！干吗不回我消息啊？！

快・点・回・消・息！

小姐姐！这时候得发送能表达自己心情的信息。

惊！

什么？？

用『我信息』就好了。

百忙之中打扰你，真是不好意思，不过如果我能早点看到你的回复会很开心哦。

我希望早点收到你的回复！

あ　か　さ
た　な
ま

啪叽

好……好可爱啊！

男友

用『我信息』来传达

2

129

有种有效的训斥方法！

如果用以"我"做主语的"我信息"来表达愤怒的话，就能让对方切实地明白你的情绪。

比方说当你训斥孩子时，是不是这样骂的呢？

"我都说了只能在这里玩，绝对不可以跑到别的地方，为什么你就是不听妈妈的话呢！"

这是用"你（对方）"做主语来表达的"你信息"法。

听到这样训斥的话，孩子只会觉得自己被骂，被妈妈凶了。

而如果用自己做主语来表达自己的感受，会有什么效果呢？

"妈妈（我）急急忙忙跑回来却没看到你，所以急得不行。妈妈害怕得都快哭了呢。所以啊，以后你要好好听妈妈的话哦。"

如果妈妈这样说，孩子可能会很开心，以后也愿意好好听话的。

用"你信息"表达愤怒的情绪，就好比把怒气直接发泄在对方的身上。

可如果用"我信息"好好表达生气的原因，对方就可能会感受到你的心情和爱，进一步加深对彼此的理解。

¤ CHECK ¤ 用"我信息"表达，能让对方好好把话听进去。

我觉得，育儿中有一个烦恼是——

孩子不听话。

快点！要迟到啦！快点！

不要像这样用恐惧来推动孩子。

我们快点准备好，去公园玩喽。

我会很快的！

只要让他开心，他就会快哦！

准备好了！波奇我们走吧！！

麻溜！

让育儿变得轻松！

可以说父母在育儿过程中一定都会有这样的烦恼。

那就是孩子不听话。

孩子变得不听父母的话是他们长大的证据，其实是件好事。

但还得考虑教养的问题，其中也有些父母只是想让孩子服从自己。

结果就演变成对孩子怒吼"差不多得了啊！""要我说几次你才懂啊？！""不听话就不给你买玩具！"，或者威胁孩子"没做好就不许吃零食"等来试图让他们听话。

把人类调动起来的情绪因素基本上只有两个。

那就是喜悦和恐惧。

冲孩子生气、威胁孩子，用恐惧让他们听自己的话也是有限的。最重要的是，这种方法会损害孩子的自主性，妨碍他们健全成长。

与其用这种方法，倒不如留心采用让孩子喜悦的育儿方法，孩子和父母都能生活得开开心心。

比如，如果你用"要是不快点换衣服，上幼儿园就要迟到了"，迫使孩子因为害怕而加快动作，孩子是不可能开心的，所以磨磨蹭蹭不肯动。

与其这样，不如对孩子说："如果你现在快快换好衣服，就可以赶上幼儿园的快乐游戏了呢。好期待哦！"这样孩子就会主动换衣服了吧。

不只是育儿，处理职场人际关系和夫妻关系也是同样的道理。

与其用愤怒迫使别人行动起来，不如随时留意，提出让双方都开心的方案吧。

☒ CHECK ☒　　**不要威胁对方，而要让对方开心。**

这样一句话就能得到 100% 的信任！

好好利用机会

如果在一般来说一定会生气的场合选择不生气，甚至还能尊重对方、为对方考虑，你就会获得对方莫大的信任。

比如，妻子不小心打碎了你心爱的红酒杯。

如果你能在通常会脱口而出"呀！不知道这个杯子值多少钱"的时候，努力刹住车，而是说：

"你没事吧？有没有受伤？没有受伤太好了。红酒杯再买一个就好，要是你受了伤就麻烦了。这边可能还有玻璃碎片，我用吸尘器吸一吸。"

当妻子听到这番话，大概会深切地感受到"我是被爱着的、被珍视的"心情吧。

在公司和工作中，也有很多像这样赢得对方信任的机会。

举个例子，一位新人在重要的商务谈判中迟到了。

就在他以为要被骂了的瞬间，如果上司对他说这样的话，他会怎么想呢？

"太好了，你没事吧？我还以为你出了事故，正在担心你呢！"

新人听到上司这么说，大概会暗下决心"我一定会努力，不会再辜负您的信任"吧。

前一阵儿发生了这样一件事。

有个人在参加研讨会的几天后被确诊了新冠，我本人也变成了密接者。

我立刻去做了 PCR 检测[①]，虽然结果显示是阴性，但因为是密接者而不得不居家隔离两周。

受此影响，原定的研讨会也被迫中止。

损失收入粗略估计达到几百万日元。

就在我感觉"这事也太离谱了"的愤怒袭来之际，把心情切换到"这反而是我的一次机会"。我没有取消预定的研讨会，而是对已经交了报名费的人全额退款，改成了在线上免费举行。

最后，与会者中陆续有人报名参加我的个人咨询。从结果上来说，我获得了超过损失的收益。

---

① 核酸检测的一种方式。

总而言之，一般来说会生气的场景既可以获得对方莫大的信任，还能转化成你自己的大好机会。

　　这样的机会，就得要好好用起来啊。

☒ CHECK ☒　　**先去关心对方吧。**

不敢生气的人，不懂得表达自我的主张。

不想生气的人，虽然会生气却选择不生气。

这两种人有巨大的差别。

让我们学习后者，坚定地走在自己的人生之路上吧！

5

脱掉『不敢生气』的外壳吧

"不敢生气"和"不想生气"完全不同

虽然前面说了很多"不可以生气"的案例，但如果自己的正当权利被人侵犯或遇到了不讲理的事，当然可以生气。

其中在理所当然应该生气的场景中，也有些不敢生气的人。

不敢生气的人和不想生气的人看起来相似，实际上完全不同。

不仅如此，可以说是完全相反。

不敢生气的人是害怕被反击，不懂得表达自我主张的人。

不想生气的人会生气。换句话说，他们随时都能出击和反击，但因为有比这更重要的东西而主动选择不生气，是拥有自我意志的强者。

不敢生气的人不能表达自我主张，既看不清自己，也不清楚想要做什么，把生活过成别人说一句自己走一步的样子。

不想生气的人本身拥有一股坚定的核心力量，因此不

管别人说什么，都能走在自己的人生路上。

人生只有一次，谁都不想看别人的脸色生活吧？

所以，想生气的时候尽管生气好了。

只不过请听从自己的意志选择不想生气这种愤怒。

并不是不敢生气，我们可以生气，但还有比生气更重要的事情，所以要听从自己的意志选择不想生气的行为。

这样就不会积蓄压力，而能够走上幸福、成功的道路。

☺ CHECK ☺　　**尝试采取不想生气这个行为。**

☆ 6 ☆

向漫画主人公学习

有时也可以扔掉『不发怒开关』。

扔掉！

那就是……

『要保护你重视的人』的时候。

坚定

主人公确实都是为了伙伴而发怒。

我说对了吧？

为了伙伴可以发怒

在英雄题材的动漫里经常有这种场景：当主人公看到伙伴被嘲弄或受到侵害时就会暴怒。

让我们来看看原著漫画热销超过 4 亿册、在全世界都广受欢迎的《海贼王》的主人公路飞。他在自己被嘲笑的时候很少生气，但如果他看到自己的伙伴被嘲笑就会特别生气。曾救过路飞并把重要的草帽托付给他的香克斯以及他的伙伴们也是这样，他们被山贼嘲笑也不会生气，可一旦知道路飞为了保护他们而被山贼抓走之后，一转眼就把山贼打了个落花流水。

漫画作品也好，其他作品也好，其中的主人公都会为了重要的伙伴而愤怒，偶尔还会落泪。在我们的基因中，或许已经刻上了这种理想化的形象。

¤ CHECK ¤　　**为伙伴着想的心意非常强大。**

第 **6** 章

有好事发生的人是这样做的

把愤怒转变成
感谢!

轰轰轰轰轰轰！

『我不能输！』这种愤怒的力量，也有助于我们发愤图强。

喔喔　喔喔喔！

哒哒！

在起跑冲刺的时候很好用。

呼　呼　呼　呼　呼

但是如果一直使用愤怒能量，会非常疲惫。

刷！　啦！

感谢

愤怒力量

所以让我们把它转换成感谢的正能量吧。

☆ 1 ☆

与自己的愤怒面对面

觉察愤怒，将其转化为成长的动力

成就巨大幸福、伟大事业的人说的都是"感谢"。

一开始的时候，"我一定要让你们刮目相看！"或"我们走着瞧！"这类愤怒的负能量会成为推动人前进的巨大原动力，但如果持续积蓄愤怒的话，负面影响也会波及自己。

那么该怎么做才好呢？其实把愤怒的负能量转换成感谢的正能量就可以了。

首先要觉察自己的愤怒，从与那份愤怒面对面开始。愤怒是一种情绪，不要把它积蓄在内心，而只需要去感受它。**可以试试看把"啊……原来我正在生气啊"说出口。**

麻烦的是人们没有好好觉察自己的愤怒情绪。还有的人因为过于愤怒而对愤怒情绪感到麻木。如果你问他为什么这么生气，他会说"我没生气啊！"，但他确实是在生气啊。（笑）

另外，"不可以生气""不应该生气"等观念有时也会压抑愤怒情绪，使人们变得麻木。

举例来说，沙丁鱼罐头一样拥挤的电车，尤其是东京早高峰的电车简直要人命。对于这种状态，一开始人们肯定会感到痛苦、不快等愤怒情绪，但天天如此、形成习惯之后，也就感觉不到了。

愤怒是保护自己所必需的情绪，所以如果不能好好感受的话会很危险。

在霸凌或家暴中，如果被害者切实感到了愤怒，却没有或无法采取行动从这份愤怒中逃离，就有可能助长加害者的气焰。愤怒是人类生存所必需的情绪，所以先要好好地感受它，然后把愤怒转化成自己成长、幸福和成功所需的动力。这是特别重要的事情。

☒ CHECK ☒　　**不要忽视愤怒的情绪。**

不必勉强自己去原谅别人

好不甘心啊！那个女人，竟敢抢我男朋友！！

我绝对饶不了她！

呀

呀！

我要诅咒你！我要诅咒你！

飘

嘎吱！

嘎吱！

好嘞！诅咒去咯。

出发了！

咒

你怎么还在那里……太慢了吧……

飘

唉……

只要分析一下愤怒就会明白很多事

当你感到愤怒时，就去分析这份愤怒，如果有需要就采取行动。

分析一下就能知道，大部分事情都没必要生那么大的气，或者生了气也不能解决任何问题。

但其中也有些契机，让你深入了解潜藏在自己内心的自卑感，或曾有过的心灵创伤等。

只要看到愤怒的真面目，接下来考虑用什么方法应对就可以了。

拿我自己来说，只要有客户临时取消预约，我的心头就会涌起郁闷和愤怒的情绪，于是我试着分析了一下。

通过分析我发现，比起金钱问题，我更感觉自己被轻视、被愚弄了。

于是我决定，把此前在研讨会当天缴纳费用的规定，改成了从预约参会那天起一周内缴费。

结果是临时取消的事情几乎再也没发生过，而我自己也不再因为这种事感到郁闷和愤怒了。

用这种感受来分析自己的愤怒，根据分析结果重新审视工作之后，我现在基本上感觉不到压力，而且收入也随之水涨船高。想想看，当不必要的压力减少之后，耗在那方面的能量就能转移给工作，收入上涨也是理所当然的事了吧。

诅咒就是阻咒（笑）

我想总有些类似"不可原谅""无法忘记"的心情，无论如何都不会消失。这种无法消除的愤怒，让我们很难采取行动。

这种时候不必勉强自己原谅。

如果勉强自己原谅，下次就会责备自己无法做到不原谅他人。

总之，愤怒的能量无论是转向对方还是自己都不好。

无论多么怨恨对方，那份仇恨也很难传达给对方。

为什么这么说呢？因为"诅咒"就是"阻咒"呀。（笑）

而且无论你如何愤怒、烦恼、挣扎、痛苦，在这期间对方也不会有罪恶感，说不定还睡得特别香甜呢。

首先，请不要焦躁、不要着急，而是直接感受你的愤怒。

如果从你感受到的愤怒中得出"再也不想发生这种

事了"的结论，只要从"为了不让这种事再次发生，我自己应该做点什么"出发，一点点采取行动就可以了。如果这样还不能让"不可原谅"的愤怒情绪平复下来的话，请认真记住接下来要说的这段话吧：

如果你追求一瞬间的幸福，那就尽管生气吧。
如果你想追求一辈子的幸福，最好还是原谅吧。

☼ CHECK ☼　　**感到愤怒之后，想想"我应该怎么办才好"。**

3

改变旧的看法的秘诀

¤ 157 ¤

会感谢的人都会这样做

把愤怒转变为感谢，有没有最快速、最简单的方法呢？有。那就是获得满满的幸福与成功。

即使事情从"我一定要让你们刮目相看"或"我们走着瞧"等强烈的愤怒开始，如果能够顺利发展，获得满满的幸福或莫大的成功，愤怒也就会在不知不觉间消失不见。

反过来，还会对给予我们这种机会的人产生"回头想想，我能得到今天的幸福（成功），都是托了那家伙的福啊"的感谢之情。

把自己甩掉的男友太可恨了，但如果之后能交到福山雅治①那样的男友的话，就会忘了生气这回事，反而要感激这次分手。

虽说过去的事无法改变，但就算发生过的事情无法改变，我们也可以改变对那件事情的理解。**也就是说无论发生多么讨厌的事，只要能把它当作事情变得顺遂的契**

---

① 日本著名男艺人。

机，讨厌的事就会转变成好事。

从这个意义上来说，"过去想改变多少都能改变"的话也不为过呢。

你的人生剧本，从今往后想怎么改写就可以怎么改写。

如果对讨厌的事情什么也不做，悲剧就会一直上演。而如果改变自己的行为就能将悲剧转变为喜剧，甚至变成"爱与感动的惊天大逆转剧"。

即使充满心酸和痛苦的至暗人生，只要改变行为就有可能像下黑白棋一样发生大逆转，转变为充满了幸福和爱意的纯白人生。

其实我自己现在被称为"幸福的有钱人"和"金钱妖精"，但也就在十年之前，我和太太都还穷得要下跪向别人借钱。（笑）

重要的是行动起来，幸福地活在当下。因为只要当下幸福了，过去的事情想改变多少就能改变多少。

☒ CHECK ☒　　**讨厌的"过去的解释"，随时都可以改变。**

我小时候，妈妈从来不管我。

那种感受会一直残留在你心里。

不必勉强自己原谅。

吸溜……

你妈妈一定在拼命地做家务、照顾孩子。以前的生活条件也不像现在这样便利，所以是很辛苦的。

确实，那时候也没有扫地机、洗碗机什么的……是很辛苦……

惊！

是啊，以前很辛苦的。

4

消除对父母的愤怒的方法

只要试着去理解他们就行了

有很多人在自己成年、结婚生子之后，仍会因为处理不好与父母的关系而烦恼。通过与他们交谈，我发现，虽然他们嘴上说着不能原谅，或表面上对父母很生气，但底层的感情却是想获得更多的爱或想被他们认可。

对于自己内心从未消化掉这种感情的人，我建议不要勉强自己去原谅父母，或与父母友好相处，而要同情和共情。

也就是**想象一下父母养育你的年代是什么情况，代入当时父母的心情，同情他们的处境，与他们产生共情。**具体来说，我会这么向我的客户提问：

"请问你的父母生你的时候是多少岁？

"一定比现在的你更年轻吧？如果在没有纸尿裤的年代，一天得给孩子换好几次尿布，还得不停地用手洗尿布，是吧？说不定还要受婆婆的欺负，在自己不熟悉的环境里拼了命地做家务。或许薪水微薄还得精打细算，根本没有时间和金钱能花在自己身上。

"养育孩子的条件至少比现在差多了吧？

"你的父母就是在这种情况下，拼了命把你养大。

"**现在的你一定能理解，即使是父母也不可能事事做到完美，养育孩子的过程中有太多不懂的事，不管怎样努力都不成熟。**

"所以单是父母把你生下来，还把你养大这件事就值得感谢了。

"为了回报，你也应该去想象他们的心情，让他们看到你试图去理解的态度。

"我认为这才是子女对父母的爱，也是最好的孝顺。"

☒ CHECK ☒ **不要苛责父母的不成熟，而要关注他们竭尽全力的一面。**

☆ 5 ☆

人生会越变越好

带给我们极佳的发现

我已经从各种角度验证了愤怒，总之重要的是觉察到以及巧妙地利用愤怒。

比如，总会有惹你生气、让你发火的人，对吧？

但比这更重要的是，你能够活到现在，是因为还有理解你、温柔待你、帮助你的人。

不要忘记对那些人心怀感激。

我是这么认为的。上天为了让我们觉察到重要的事情，而在人间降下各种各样的变故。比如，把新冠当作单纯的灾难还是上天给我们的学习机会，会使接受方式有着巨大的不同。是为失去的事物哀叹、悲伤，还是感谢当下拥有的事物、当下能做到的事，然后改变做法、改变行为，去赢得新的幸福和成功？

哪种选择会过得幸福，答案一目了然吧。

善于觉察的人就是人生的赢家。特别是愤怒中充满了让人生变得更美好的想法。只要善用自己的愤怒，它就会转化成了不起的原动力，并从别人的愤怒中发现暗藏着的商机。在你一心想着"要是我有更多自由时间可以支配""要是我有钱的话事情就好办了""要是我遇到足够好的人就好了"之前，请仔细看看自己当下拥有的东西，并对这一切表示感谢。

这样一来愤怒自然就会消失，你一定能看见通往新的幸福和成功的道路。

人类这种生物，只要习惯成自然，就会忘记感谢。

所以我在刚开始创业时，为我的个体经营公司取名"感谢事务所"。

成功昙花一现之后就终结或难以长久持续，不是因为成功后就变得得意忘形，而是忘记了感谢，让事情变得不再顺利。

¤ CHECK ¤　　**感谢当下所拥有的东西。**

🍀 结语

衷心感谢大家阅读到最后。

我上初中时，既不是不良少年也不是个小混混，但曾经因为吸烟被处罚过两次，而且这两次我明明都没有吸烟。（笑）

只是我父母并没有因为那种事而生气，也没有骂我。

相反，当我妈妈被叫到学校时，她在老师面前说了这样的话来为我辩护：

"我家孩子不是说他没有吸烟吗？"

老师听完，似笑非笑地说：

"啊，看来你们家不管孩子说什么，做父母的什么都相信啊。"

听到这句话，我妈妈突然就冲老师发火（笑），回敬道：

"父母连自己孩子的话都不相信，那谁来相信他们啊？！"

一旁的我听到妈妈这样说，便暗下决心：有这么信任我的父母，我绝对不会做出让他们难过的事情！

现在，我自己也是两个孩子的父亲了，我是这么想的：

父母的责任不是对孩子生气，而是信任孩子并保护他们不受周围环境的伤害。

希望不幸的"愤怒锁链"从这个世界上消失，即使偶尔会生气，人们也能好好地利用愤怒，希望这个世界变成所有人都面带笑容、彼此尊重的世界。

最后，作为本书作者，我从本书获得的所有收益将全部用于新冠灾害救助等活动。

感谢大家一直以来的支持。谢谢大家！

祝大家越来越幸福成功！

森濑繁智（阿森）

🍀 作者简介

金钱的情绪[①] 及幸福、成功的专家。

一般社团法人金钱的情绪研究所代表理事。

株式会社 WaLife 董事长。

20 多岁时过得穷困潦倒，甚至还要向人下跪借钱。自开始过"不发怒的生活"后，人生便交上了好运，人际关系、恋爱、金钱等方面的问题得以消解，加入到幸福的有钱人的行列中。

咨询对象主要为女性创业者，客户中年营收超过2000 万日元者辈出。

虽然个人咨询收费极其昂贵，但预约仍需等待几个月。

有人说"咨询一次，有超越人生二十年的效果"，谈笑中让客户彻底摆脱多年的执念（绊脚石）。

有人说，他提供的咨询超乎想象。

海外咨询（迪拜、中国香港、中国澳门、新加坡、巴黎、拉斯维加斯、夏威夷等）也大获成功。

[①] 作者开设的研究所名称。

著书包括《爱与金钱（被爱与金钱充盈的四大法则）》《有钱人的开关，按下吗?》（均由牧野出版社出版）、《厉害了！有钱人挑战》（角川出版）。

译后记

　　自我进入社会以来，打过交道的人已不计其数，然而其中能够好好控制自己情绪的人却屈指可数。早年在机场工作，见惯因不满航班延误而爆发雷霆之怒的乘客；近些年转战运营岗，更是旁观了无数一言不合便摔键盘、砸手机的场面。回到家中，不擅斡旋父母、亲子、夫妻关系的我，也难免气得摔门而去。

　　我们变得越来越易怒。愤怒是本能，是当下最简单易得的用来发泄情绪的工具。但很少有人会在愤怒爆发的瞬间想到，愤怒会让我们失去理智、失去体面，甚至失去很多机会。而无法及时按下"爆发暂停键"，无法控制愤怒情绪的原因不是我们不愿意，而是我们不懂得觉察，不了解方法，不知道除了愤怒我们还能做些什么。

　　而答案，就在这本书的字里行间。

　　如果你见过本书作者森濑繁智（阿森）的照片，相信你会被每一张照片上那无拘无束的笑容感染。你会好奇，是多么大的成功和幸福才会让这样的笑容定格在一个人的脸上。当你读过本书就会知道，曾经的他也过得穷困潦倒，然而在开始"不发怒的生活"之后，便交上了好运，最终成为令人艳羡的成功人士。这样一个从低谷步上巅峰的奋斗者，将自己的经验用通俗而不失幽默的语言，搭配生动的漫画表述出来，就有了我们手中的这本书。

作者在书中介绍了几种实用的方法，用来消解、转化和摆脱愤怒。方法包括让自己意识到愤怒会带来哪些危害，学会直面自己的愤怒，培养良好的生活习惯，通过睡眠、运动、健康饮食、阅读来练就"不发怒体质"，以及养成6个习惯来摆脱困境。这些方法适用于社会、职场、家庭，适用于人际关系、夫妻关系、亲子关系。我们不妨把这本书放在枕边，或放在随身的包里，不时翻看几页，邂逅一些金句或记住一个实例，用它来开解我们自己，或者将其传递给身边的朋友和亲人。

希望每一位读者都能学会善待自己、优待自己，学会主宰自己的情绪。

方宏

出 品 人：许 永
出版统筹：林园林
责任编辑：许宗华
封面设计：刘晓昕
内文制作：万 雪
印制总监：蒋 波
发行总监：田峰峥

发 行：北京创美汇品图书有限公司
发行热线：010-59799930
投稿信箱：cmsdbj@163.com